3
2
U0176265

图书在版编目（CIP）数据

动物建筑师 /（英）萨伦娜·泰勒著；（英）莫雷诺·基亚基耶拉，（英）米歇尔·托德绘；周鑫译 . -- 北京：中信出版社，2021.1
（小小建筑师）
书名原文：Animal Homes
ISBN 978-7-5217-2376-2

Ⅰ . ①动… Ⅱ . ①萨… ②莫… ③米… ④周… Ⅲ . ①动物－少儿读物②建筑－少儿读物 Ⅳ . ① Q95-49 ② TU-49

中国版本图书馆 CIP 数据核字 (2020) 第 210528 号

Animal Homes
Written by Saranne Taylor Illustrated by Moreno Chiacchiera and Michelle Todd

动物建筑师
（小小建筑师）

著　　者：[英]萨伦娜·泰勒
绘　　者：[英]莫雷诺·基亚基耶拉　[英]米歇尔·托德
译　　者：周鑫
出版发行：中信出版集团股份有限公司
（北京市朝阳区惠新东街甲4号富盛大厦2座　邮编　100029）
承 印 者：北京尚唐印刷包装有限公司

开　　本：787mm×1092mm　1/12　　印　　张：3　　字　　数：40千字
版　　次：2021年1月第1版　　印　　次：2021年1月第1次印刷
京权图字：01-2020-6473
书　　号：ISBN 978-7-5217-2376-2
定　　价：20.00元

动物建筑师

[英] 萨伦娜 · 泰勒　著

[英] 莫雷诺 · 基亚基耶拉
[英] 米歇尔 · 托德　绘

周鑫　译

中信出版集团 | 北京

目 录

1 动物也是建筑师

3 织巢鸟

4 选址与设计

5 动物的建筑工具

6 鸟儿们学筑巢

8 河狸的窝

10 建筑师笔记 结构

11 建筑师笔记 建造过程

12 生物们的群居生活

14 白蚁建筑队

16 建筑师笔记 气流通道

18 草原犬鼠

20 擅长打洞的动物们

22 蜜蜂与胡蜂

24 蜘蛛

25 建筑师笔记 螺旋

26 昆虫旅馆

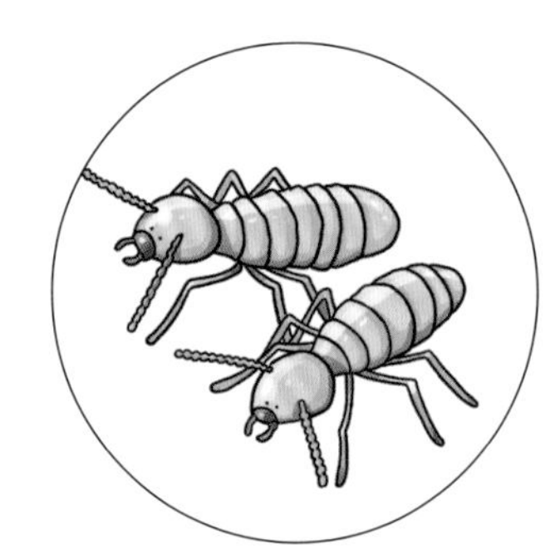

动物也是建筑师

你知道吗？许多动物都是令人惊讶的杰出建筑师和工程师。它们能够创造出非常复杂的建筑，甚至还能用自己的身体做建筑工具！

有的动物能独自建造自己的小窝，有的动物则需要群体协作。有时，这支施工队会有成千上万个成员，其中的每个成员都有特定工作要做。

动物们筑窝的方式为许多建筑师提供了设计灵感。

织巢鸟

织巢鸟主要分布在非洲和亚洲，它们之所以叫这个名字，是因为雄织巢鸟有着高明的织巢技巧。

不同品种的织巢鸟拥有不同的织巢绝技，所织出的巢大小、形状也各异。细树枝、树叶、草叶等都是织巢鸟常用的建筑材料，不过，要先把它们撕成细条才行。接着，织巢鸟就可以用脚和喙开始织巢啦！

虽然也有织巢鸟独自筑巢，但大多数织巢鸟会群居一处。它们共同搭建起一个分成许多隔间的大鸟巢，分室而居，就像一栋公寓楼，不过里面住的不是人，而是鸟！一个公共鸟巢能容纳上百对织巢鸟。

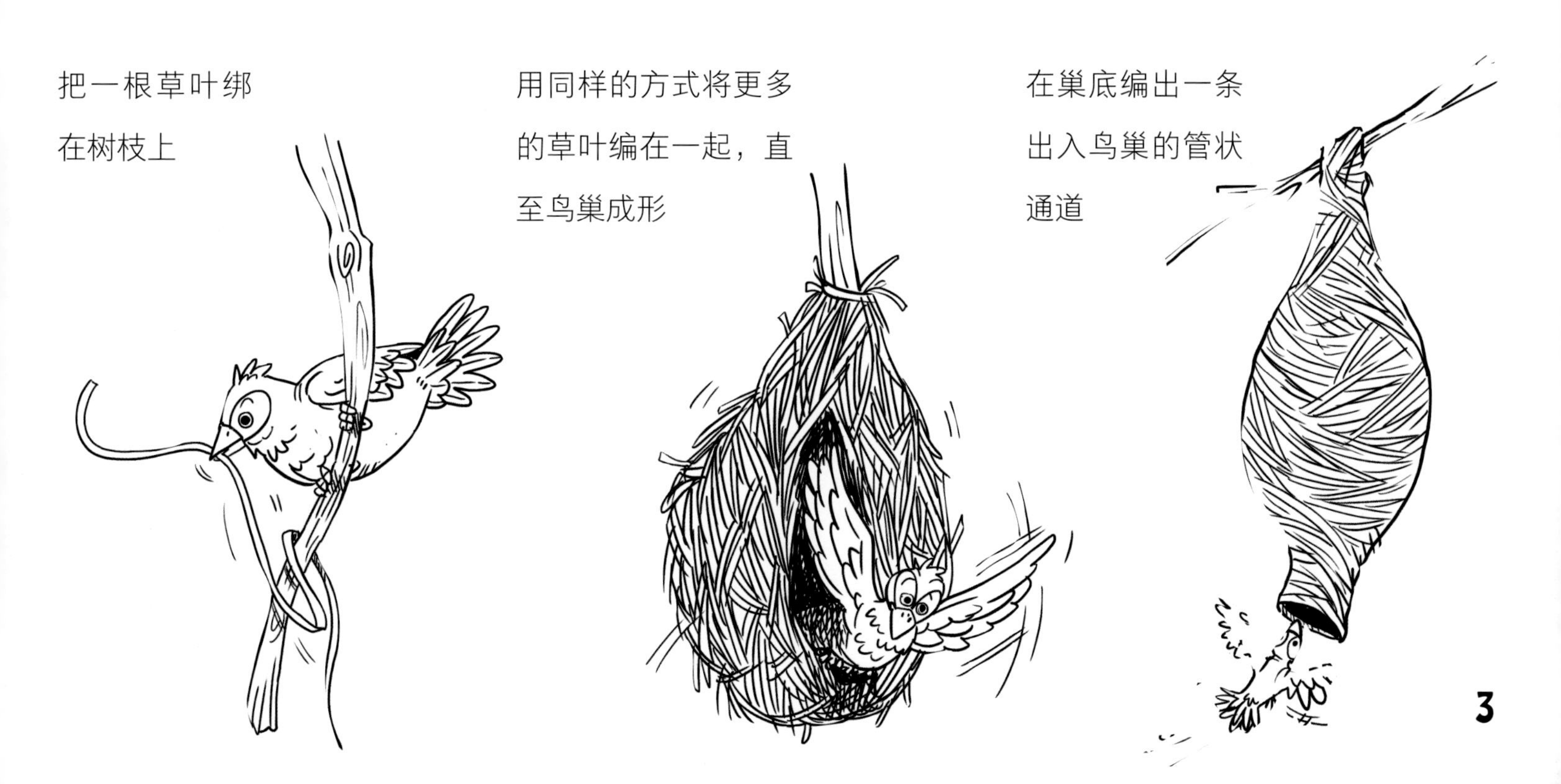

选址与设计

动物们需要先找一个合适的地方来安家，然后再根据它们的独特需求建造巢穴。

织巢鸟经常在水边筑巢，这样其他动物就很难攻击到它们。它们的巢通常近似球体，底部的入口又小又窄，这不仅能防止其他鸟类或蛇袭击雏鸟或偷走鸟蛋，还能防止雨水落进巢里。为了吓退天敌，它们甚至会选择在长满荆棘或遍布咬人的昆虫的树上生活。

很多动物的筑巢本领都是与生俱来的，这叫作本能。本能是怎么形成的呢？这是自然界令人不可思议的一个地方，连科学家们也无法完全解释清楚。

建筑师小词典

选　址

和动物们一样，人类也会选择一个能够满足他们需求的地方生活。有些人为了方便工作或上学，会选择邻近公司和学校的地方居住；另一些人为了能够方便地乘坐公共交通工具，会选择住在大城市的公交站或火车站附近；而对那些要种庄稼或饲养动物的人来说，他们就得住在乡下了。

动物的建筑工具

没有铁锹、锤子这些工具，动物们是怎么盖房子的呢？
令人惊讶的是，许多动物利用身体的特殊部位或使用简单工具筑巢。

海鹦的喙很结实，看起来像个圆锥体。这种形状的喙适合撕碎和编织叶子

和许多其他灵长类家族的成员一样，黑猩猩能够用小木棍当工具

雌性短吻鳄是个建筑专家。它收集树枝草木，用嘴巴拖到选定的地点，再用身体和尾巴清理四周，最后用后腿挖洞，为产卵做准备

鸟儿们学筑巢

相传，很久以前，喜鹊是所有鸟类中唯一懂得如何筑巢的，所以其他鸟儿都来向它请教筑巢的方法。

鸟儿围拢在一起，听喜鹊教它们如何筑巢。不过，这些鸟儿可不是有耐心的好学生。

喜鹊取了些泥，用泥做成一个大碗的形状。

画眉鸟想，够了够了，这样的巢已经足够了。于是它就飞走去筑巢了。

接着，喜鹊找来一些树枝，围在泥巢周围。乌鸦立刻飞走了，它想，会了会了，我已经学会了。

但喜鹊并没有停下，它又衔来一些泥巴塞进树枝的缝隙里。猫头鹰说：“多好的主意，我懂了！”说完它也马上飞走了。

但喜鹊接着又做了很多事情……它用余下的树枝又在鸟巢外围编了一圈，在漏风的地方填上羽毛，接着又把另一些羽毛垫在巢里，让里面更加软和舒适。

喜鹊就这样一步一步地筑着巢，但所有的鸟儿都只学会了一部分筑巢技能，它们都没有上完这堂课。

这就是今天鸟儿们用不同的方式筑巢的原因。

河狸的窝

河狸生活在北美洲、亚洲和欧洲的中高纬度森林地区。它们是出类拔萃的工程师。它们的窝设计巧妙，而且能容纳整个河狸社群。

河狸是一种大型啮齿动物，长着大大的门齿。它们是夜行动物，通常在夜间最活跃。

河狸既能在陆地上生活，也能在水中生活。它们的毛皮可以防水，后脚有蹼，眼球外有一层特殊的半透明瞬膜，就像泳镜一样，可以让河狸在水中看见东西。河狸还有一条又大又扁的尾巴，在它们游泳或潜水时，尾巴就像舵一样控制着方向。

河狸通常在森林的溪流中安家。它们的前爪像人类的手一样，可以搬运建筑材料，筑出十分复杂的窝。

森林
河狸窝
生活空间
干燥巢室
水坝
水道
入口
入口

建筑师笔记

结　构

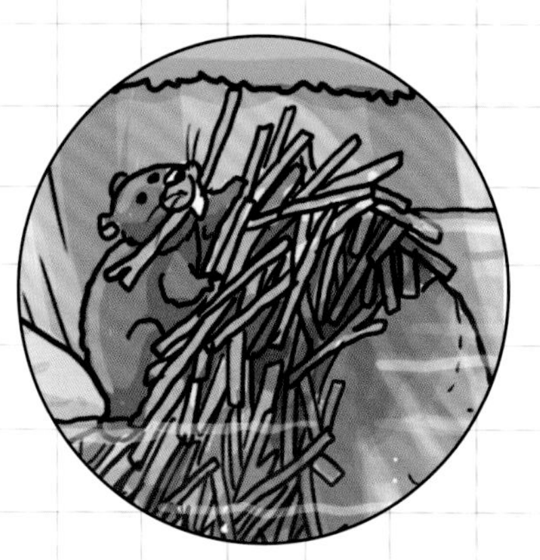
建水坝

河狸的建筑工程分为三个部分：建一到两座水坝，挖一组水道，搭建居住的小窝。

水坝

河狸能建造水坝。水坝阻挡河水流动，从而形成一个深深的池塘。河狸就把这个安全的池塘改造成它们的家。

游进水道

水道

河狸会建造好几条水道来形成一个交通网。它们把食物和建筑材料放在水里，让它们沿着水道漂流到下游。这可比在陆地上搬运轻松多了！

住进小窝

穹顶形结构

河狸居住的窝是一个穹顶形的结构，里面有不同的功能分区：晾干区、繁育区、活动和进食的干燥巢室、食物储存区、两个入口以及多个透气孔。

建筑师笔记

建造过程

河狸在溪流边选出一棵合适的树，用有力的门齿把树啃断。

这棵树倒下后，河狸就把它拖进水里，做水坝的坝基。

接着，河狸就会在坝基上面堆放小木棍、石头和泥巴，直到水坝高出水面，能够阻挡水流为止。

水坝建好后，河狸就开始造它们的窝了。河狸的窝最高能达到3米！首先，河狸将啃断的树枝垂直立在水里做柱子。然后，它们将树枝交叉架设在这些柱子之间。

窝壁上所有的洞最终都会被河狸用泥巴和水草堵上，直到不再渗水为止。

生物们的群居生活

织巢鸟和河狸有一个共同点：它们和其他同类组成群体，在一起生活。

同种类的生物聚集在一起生活，就组成了一个群体。生物这样做是为了更好地保护自己，防御天敌，同时也让自己所属的物种变得更加强大。群居的生物们通常擅长团队协作，当它们需要建造一处新家的时候会明确分工，每个成员都尽职尽责地完成自己的工作。

一群聚居的蝙蝠的数量可以超过一百万只

一群青蛙也是一支大军

以下还有一些群居生物的例子。

海豹没有脚，它们长着鳍足。因此，比起在陆地上行走，它们更擅长在水里游泳

老鼠也会成群生活！它是繁殖最快的哺乳动物

细菌非常小，你必须使用显微镜才能看到它们。细菌繁殖速度非常快，我们几乎无法统计一个菌群中细菌的数量

建筑师小词典

建筑团队

当我们想建造一座新房子时，我们会组建一支建筑团队，每位成员都有自己的特定工作。

建筑师：设计房子

工程测量员：检查施工作业是否安全

承包商：管理所有的工作

砌砖工：砌墙

木工：做木工活儿

管道工：负责铺设水电管道

电工：为房子接通照明和家庭用电线路

白蚁建筑队

白蚁是自然界中令人惊奇的建筑师。它是一种体形非常小的昆虫，长得与蚂蚁相似。这种昆虫能用泥巴、木屑和唾液建造大大的蚁穴。

白蚁群体内分成几个不同的等级，每个等级都有特定的职责。

蚁后负责产卵，它有时一天能产下超过2万个卵！蚁后的体形比其他白蚁成员要大得多。

兵蚁负责保护蚁巢，它们拥有巨大的上颚，可以作为武器抵御入侵者。

工蚁负责寻找并储存食物，同时也饲育幼蚁，看护蚁卵。工蚁数量最多，是蚁巢的主要建造者和守护者。

白蚁群称得上是一个井然有序的小社会，毕竟有数以百万计的成员生活在一起。

它们生活在一个巨大的地道网络中，里面包含了各式各样的功能区域，比如“种植”、储存食物的区域，看护蚁卵以及饲育幼蚁的区域。在蚁巢的底部还有水源，可以让巢穴内部保持凉爽。

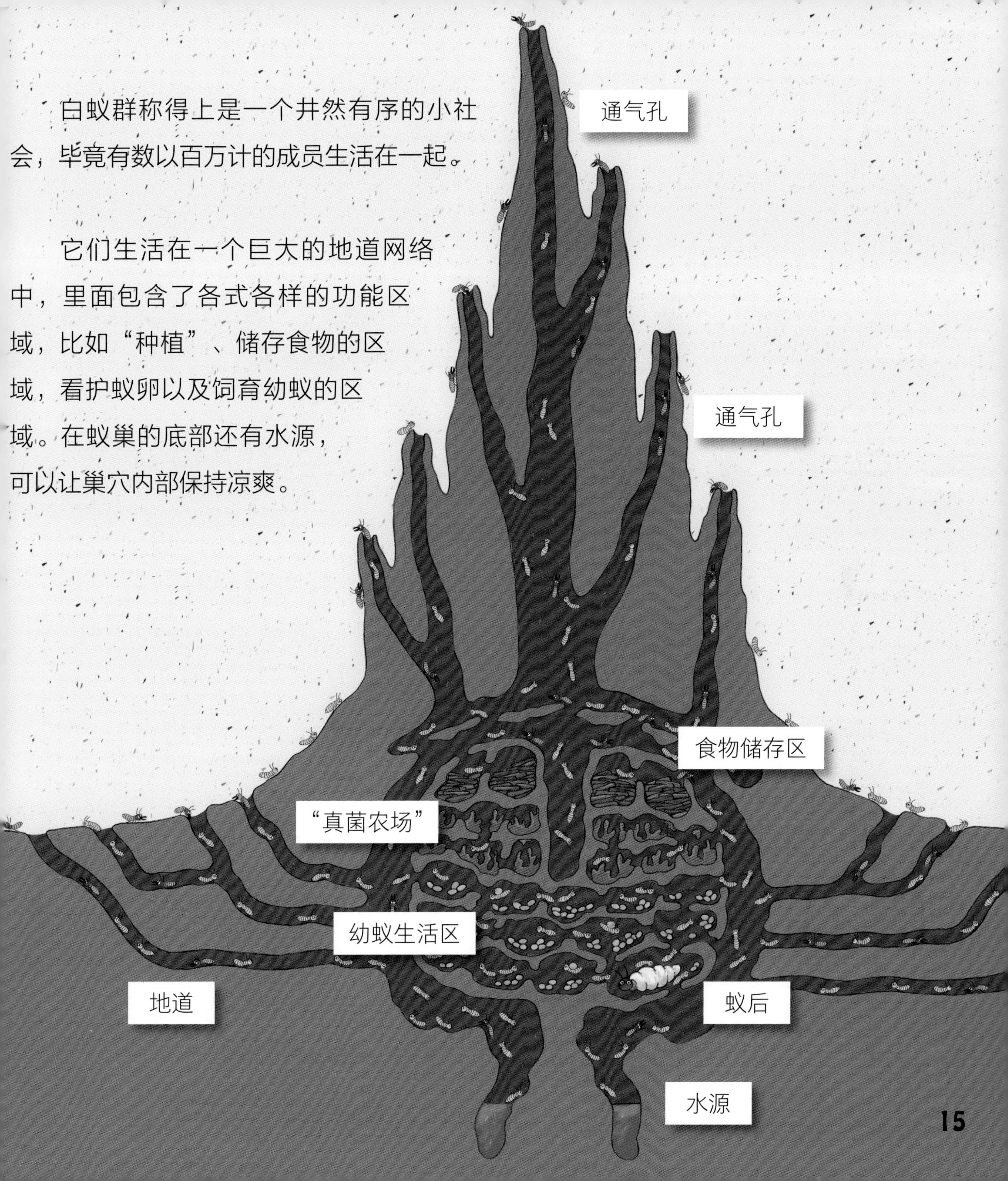

建筑师笔记

气流通道

白蚁怕热，因此它们会使用巧妙的设计来控制蚁巢内的温度！这些设计对人类建筑师很有启发。

在澳大利亚，生活着一种罗盘蚁，它们建造的蚁丘又高又扁，并且是南北指向的。早上和傍晚，阳光照在蚁丘宽阔的面上；正午，阳光照在蚁丘细窄的面上。罗盘蚁就是通过这种方式调节蚁巢内的温度的。

白蚁还会使用“空调”。它们会在蚁丘里建造通道，再在蚁丘表面打许多小孔。

白天，白蚁通过开闭这些气孔，让热空气沿着通道从顶上排出去，冷空气从巢底的小孔进入。

白蚁丘可达数米高

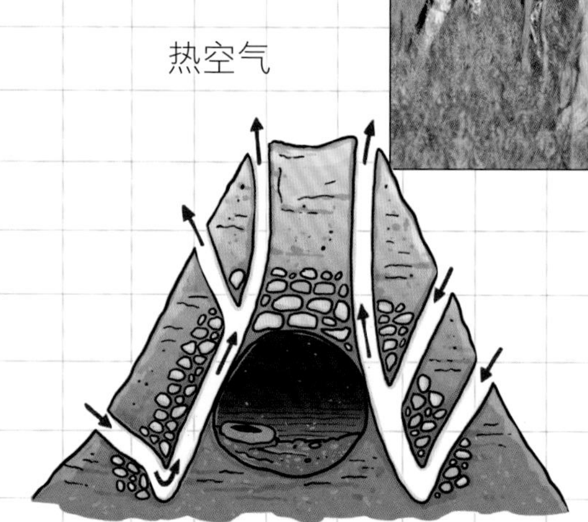

现代建筑中的空调系统通常要靠电力驱动，但还有一些不需要使用电能就能够让房屋保持凉爽的方式。

伊朗亚兹德的风塔

这些四周开敞的风塔建造在伊朗一栋老房子的屋顶上。伊朗一年四季都非常炎热，因此古代伊朗人就设计了这种风塔。这是一种特殊的通风设施，能够为下面的房间提供凉爽的空气。就像白蚁丘一样，这种有风塔的建筑物内部的温度是能够调节的，让在内部工作、生活的人感觉非常舒适。

草原犬鼠

另一种保持凉爽的方式是挖洞。草原犬鼠是最令人啧啧称奇的挖洞能手之一。它们生活在北美洲的平原地区，那里的夏季非常炎热，冬季非常寒冷。挖掘洞穴居住可以让它们更好地抵御恶劣天气和捕食者。

草原犬鼠挖掘的地道长度可达10米，深度可达3米。

这些地道与它们的洞穴相连。

为了保护幼鼠，它们会在洞穴最深的位置挖出一间“育婴房”。

有些洞口上方堆着土，这能防止水流进洞穴里。站在土堆上，草原犬鼠视野开阔，可以看到来袭的捕食者！

每个洞穴通常配有6个入口，这些洞口散布在不同的地方，彼此距离很远。

洞穴里的每个房间都有不同的用途。有的只在晚上或冬天使用，有的深度比较浅，被用来临时躲避捕食者。

有的洞穴建在地势较高的地方，以避免洪水灌入。

擅长打洞的动物们

许多动物都会在地下挖洞安家，这样既可以防御天敌，又能保持栖息环境干燥凉爽。

野兔是群居动物，它们能挖出庞大的洞穴系统。这些洞穴通常在斜坡上，这样可以防止雨水灌进去

蚯蚓一生都生活在地下，它们用全身的肌肉和刚毛来钻土

犰狳是种害羞的动物，它们大多生活在南美洲。犰狳用大爪子挖掘巢穴，那通常是一条仅仅比身体略宽一点儿的地下通道

耳廓狐生活在沙漠中，它在沙子里挖掘巢穴。耳廓狐会把自己的巢穴与其他耳廓狐的连接起来，这样它们就可以生活在一起了

蛤蜊是一种栖息在海滩和浅海水域的动物。它们有两个硬壳和柔软的身体，依靠斧足在海泥或沙子中挖洞

蜜蜂与胡蜂

蜜蜂与胡蜂都属于蜂类，它们都会建造蜂巢群居。

有的蜜蜂将蜂巢建造在洞穴或空心的树干里，有的则把蜂巢悬挂在树上或房屋上。

蜜蜂有个特殊的身体部位叫蜡腺，能分泌出蜂蜡。它们使用蜂蜡来建造蜂巢。蜜蜂将食物储藏在蜂巢的顶部，而幼蜂则在蜂巢底部生长发育。

蜂巢由成百上千个叫作蜂房的单元组成，这些蜂房一层层地排在一起。蜂房用来放蜂卵，蜂卵孵化后会发育成幼蜂。所有筑巢的工蜂都是雌蜂。

蜜蜂的蜂巢

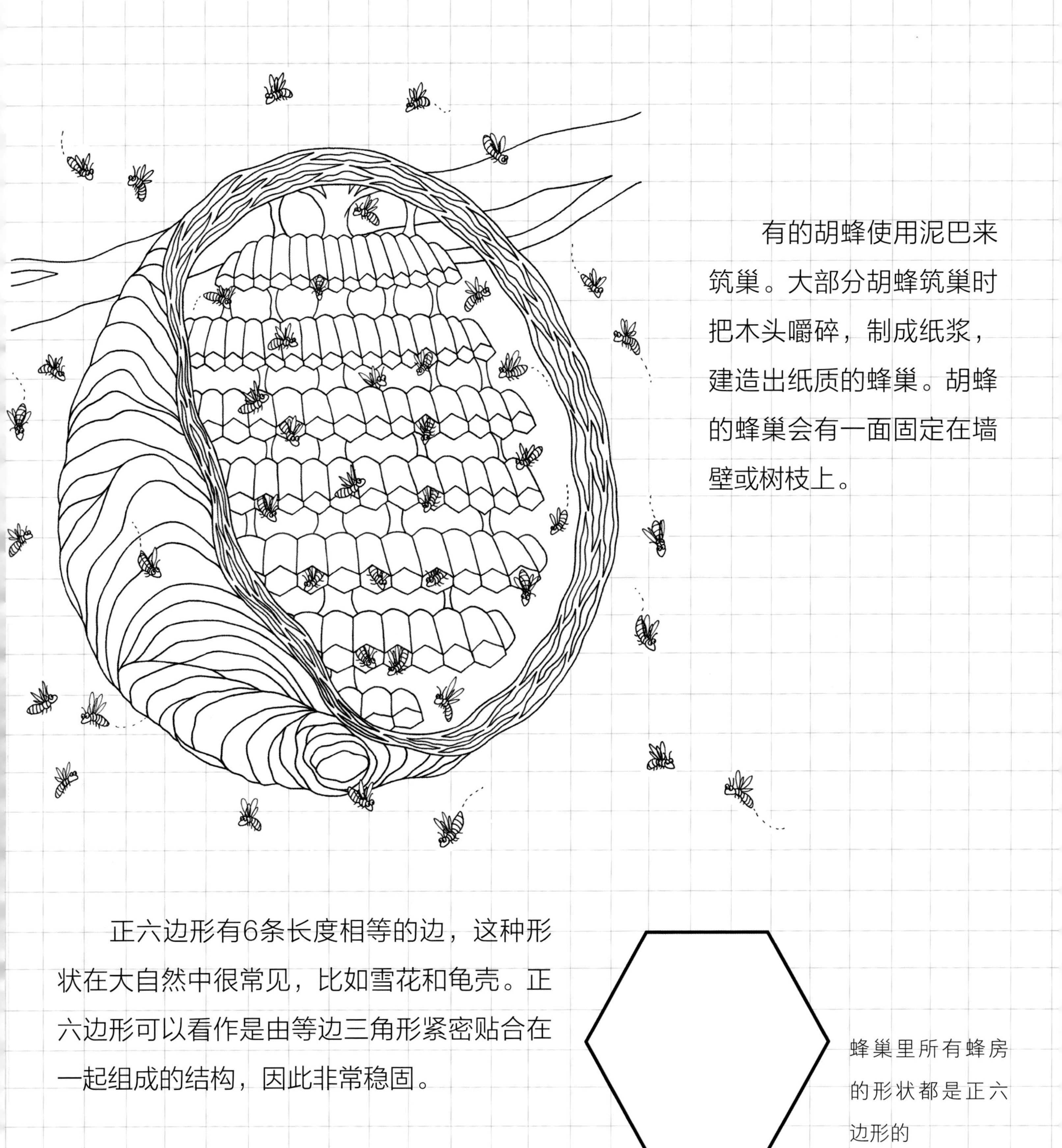

有的胡蜂使用泥巴来筑巢。大部分胡蜂筑巢时把木头嚼碎，制成纸浆，建造出纸质的蜂巢。胡蜂的蜂巢会有一面固定在墙壁或树枝上。

正六边形有6条长度相等的边，这种形状在大自然中很常见，比如雪花和龟壳。正六边形可以看作是由等边三角形紧密贴合在一起组成的结构，因此非常稳固。

蜂巢里所有蜂房的形状都是正六边形的

蜘　　蛛

还有一种动物擅长为自己建造居所，它就是蜘蛛。蜘蛛身体后端有一个叫作纺绩器的特殊器官。纺绩器能够纺出黏黏的细丝，结成一股股蛛丝。结网时，蜘蛛会先让蛛丝呈放射状交叉在一个中心点上，然后再慢慢地从外向内绕中心点移动，结出螺旋结构的蛛网。

建筑师笔记

螺 旋

我们最常见到的蛛网是螺旋形状的。

一般来说，螺旋是一种曲线形状，以一个中心点为起点，一圈圈向外扩散。

迪拜的卡延塔采用了螺旋设计

建筑师小词典

螺旋设计

螺旋形状给了建筑师很多灵感，他们基于这种形状创造出了美妙的设计，比如节省空间的螺旋楼梯和耸入云霄的螺旋形高塔。螺旋设计不仅美观，而且结构稳定，十分适合应用在建筑设计中。

昆虫旅馆

昆虫旅馆能够把许多有趣的昆虫吸引过来，是一种很不错的昆虫观察途径。

昆虫旅馆包含许多区域，适合各种各样的昆虫居住，还能为昆虫们提供产卵或饲育幼虫的场所。

一间昆虫旅馆

昆虫们甚至还会在昆虫旅馆里冬眠，它相当于一个冬季的避难所。蝴蝶、胡蜂等昆虫都能够在这里找到一个家。

昆虫对我们至关重要。它们在植物间传播花粉，帮助植物生长。

在户外选择一个有阳光、能遮阴、能避雨的地方。

将竹子、稻草、树叶、木屑、芦苇以及旧罐子、瓦片和黏土等材料分组堆放在昆虫旅馆里面

稻草和树叶必须保持干燥，为昆虫冬眠提供条件

竹子和芦苇都是昆虫产卵的好地方，它们必须放在温度较高的一侧

石头和瓦片要放在温度较低的一侧，可以贴着地面放置，这样，很多昆虫会愿意来此安家的

《古代建筑奇迹》

高耸的希巴姆泥塔、神秘的马丘比丘、粉红色的“玫瑰之城”佩特拉、被火山灰“保存”下来的庞贝古城……

一起走进古代人用双手建造的奇迹之城，感受古代建筑师高明巧妙的设计智慧！

你将了解：棋盘式布局　选址要素　古代建筑技术

《冒险者的家》

你有没有想过把房子建到树上去？

或者，体验一下住在大篷车里、帐篷里、船屋里、冰雪小屋里的感觉？

你知道吗？世界上真的有人在过着这样的生活。他们既是勇敢的冒险者，也是聪明的建筑师！

你将了解：天然建筑材料　蒙古包的结构　吉卜赛人的空间利用法

《童话小屋》

莴苣姑娘被巫婆关在哪里？塔楼上！

三只小猪分别选择了哪种建筑材料来盖房子？稻草、木头和砖头！

用彩色石头和白色油漆，就可以打造一座糖果屋！

建筑师眼中的童话世界，真的和我们眼中的不一样！

你将了解：建筑结构　楼层平面图　比例尺

《绿色环保住宅》

每年都会有上亿只旧轮胎报废，它们其实是上好的建筑材料！

再生纸可以直接喷在墙上给房子保暖！

建筑师们向太阳借光，设计了向日葵房屋；种植草皮给房顶和墙壁裹上保暖隔热的“帽子”、“围巾”……

你将了解：再生材料　太阳能建筑　隔热材料

《高高的塔楼》

你喜欢住在高高的房子里吗？

建筑师们是怎么把楼房建到几十层高的？

在这本书里，你将认识各种各样的建筑，还会看到它们深埋地下的地基。你知道吗？建筑师们为了把比萨斜塔稍微扶正一点儿，可是伤透了脑筋！

你将了解：楼层　地基和桩　铅垂线

《住在工作坊》

在工作的地方，有些人安置了自己小小的家，这样，他们就不用出门去上班了！

在这本书中，建筑师将带你走入风车磨坊、潜艇、灯塔、商铺、钟楼、土楼、牧场和宇宙空间站，看看那里的工作者们如何安家。

你将了解： 风车　灯塔发光设备　建筑平面图

《新奇的未来建筑》

关于未来，建筑师们可是有许多奇妙的点子！

立体方块房屋、多边形房屋、未来城市社区、海洋大厦……这些新奇独特的设计，或许不久就能变成现实了！

那么，未来的你又想住在什么样的房子里呢？

你将了解： 新型技术　空间利用　新型材料

《动物建筑师》

一起来拜访世界知名建筑师织巢鸟先生、河狸一家、白蚁一家和灵巧的蜜蜂、蜘蛛吧！它们将展示自己的独门建筑妙招、天生的建筑本领和巧妙的建筑工具。没想到吧，动物们的家竟然这么高级！

你将了解： 巢穴　水道　蛛网　形状

《长城与城楼》

万里长城是怎样建成的？

城门洞里和城墙顶上藏着什么秘密机关？

为了建造固若金汤的城池，中国古代的建筑师们做了哪些独特的设计？

你将了解： 箭楼　瓮城　敌台　护城河

《宫殿与庙宇》

来和建筑师一起探秘中国古代的园林和宫殿建筑群！

在这里，你将认识中国园林、宫殿和佛寺建筑的典范，了解精巧的木制斗拱结构，还能和建筑师一起来设计宝塔。赶快出发吧！

你将了解： 园林规则　斗拱　塔

出品　中信儿童书店
图书策划　火麒麟

策划编辑　范萍　张旭
执行策划编辑　张平
责任编辑　邹绍荣
营销编辑　曹灵
装帧设计　垠子
内文排版　索彼文化

出版发行　中信出版集团股份有限公司
服务热线：400-600-8099　网上订购：zxcbs.tmall.com
官方微博：weibo.com/citicpub　官方微信：中信出版集团
官方网站：www.press.citic

1
3
2
6
4
5